Lucimá Barros da Rocha

Aplicação de Método Numérico Para um Escoamento Miscível Simplificado

Lucimá Barros da Rocha

Aplicação de Método Numérico Para um Escoamento Miscível Simplificado

Simulação de Um Escoamento Miscível Decorrente da Injeção de Ácido em um Meio Poroso com Dissolução Parcial do Meio

Novas Edições Acadêmicas

Impressum / Impressão
Bibliografische Information der Deutschen Nationalbibliothek: Die Deutsche Nationalbibliothek verzeichnet diese Publikation in der Deutschen Nationalbibliografie; detaillierte bibliografische Daten sind im Internet über http://dnb.d-nb.de abrufbar.
Alle in diesem Buch genannten Marken und Produktnamen unterliegen warenzeichen-, marken- oder patentrechtlichem Schutz bzw. sind Warenzeichen oder eingetragene Warenzeichen der jeweiligen Inhaber. Die Wiedergabe von Marken, Produktnamen, Gebrauchsnamen, Handelsnamen, Warenbezeichnungen u.s.w. in diesem Werk berechtigt auch ohne besondere Kennzeichnung nicht zu der Annahme, dass solche Namen im Sinne der Warenzeichen- und Markenschutzgesetzgebung als frei zu betrachten wären und daher von jedermann benutzt werden dürften.

Informação biográfica publicada por Deutsche Nationalbibliothek: Nationalbibliothek numera essa publicação em Deutsche Nationalbibliografie; dados biográficos detalhados estão disponíveis na Internet: http://dnb.d-nb.de.
Os outros nomes de marcas e produtos citados neste livro estão sujeitos à marca registrada ou a proteção de patentes e são marcas comerciais registradas dos seus respectivos proprietários. O uso dos nomes de marcas, nome de produto, nomes comuns, nome comercial, descrições de produtos, etc. Inclusive sem uma marca particular nestas publicações, de forma alguma deve interpretar-se no sentido de que estes nomes possam ser considerados ilimitados em matérias de marcas e legislação de proteção de marcas e, portanto, ser utilizadas por qualquer pessoa.

Coverbild / Imagem da capa: www.ingimage.com

Verlag / Editora:
Novas Edições Acadêmicas
ist ein Imprint der / é uma marca de
OmniScriptum GmbH & Co. KG
Bahnhofstraße 28, 66111 Saarbrücken, Deutschland / Niemcy
Email / Correio eletrônico: info@nea-edicoes.com

Herstellung: siehe letzte Seite /
Publicado: veja a última página
ISBN: 978-3-639-84569-3

Índice

Capítulo 1 – Aspectos físicos da Rocha-Reservatório

Capítulo 2 – Formulação do Problema

2- Modelo Simplificado

Capítulo 3 – Metodologia Numérica

Capítulo 4 – Resultados Comentados

Apêndice

Índice de Figuras

Capítulo 1:

Capítulo 3 :

Capítulo 4 :

Capítulo 1

Aspectos Físicos das Rochas Reservatórios

1.1 Breve Descrição da Rocha-Reservatório

O petróleo originou-se da matéria orgânica que se acumulou ao longo de milhões de anos nos sedimentos inorgânicos. Em geral, a formação do petróleo a partir da matéria orgânica ocorre nas rochas chamadas fonte ou geradoras e posteriormente ele migra através deste meio poroso para as rochas-reservatório. Estas rochas-reservatório devem ser permeáveis aos hidrocarbonetos, mas devem ainda possuir uma configuração física de modo que sejam criados obstáculos à saída deste petróleo. Ou seja, devem existir rochas impermeáveis, denominadas selantes, que confine o petróleo evitando que saia da rocha-reservatório. Estas armadilhas ocorrem devido a eventos geológicos como anticlinais, que são dobras nas rochas decorrentes da movimentação da crosta terrestre. As rochas selantes são, por exemplo, os folhelhos e os evaporitos. Os folhelhos são rochas que possuem grãos de argilas na forma de lâminas finas e esfoliáveis. Os evaporitos formam em regiões sob climas secos pela evaporação de salmoura e constituem-se principalmente de cloreto de sódio, dentre outros componentes (Silva et al., 2001). Ambos os selantes são caracterizados por uma baixa permeabilidade aos hidrocarbonetos. Se o petróleo continuar a migrar ele se degradará pela oxidação da atmosfera, sofrerá exsudação, que é o escape do petróleo para a superfície ou será ainda alterado pela ação de bactérias, deixando assim de ser petróleo. Nestes locais a matéria orgânica se transformou em petróleo, pois estava protegida do processo oxidante pela cobertura inorgânica. A Fig. 1.1 mostra a formação de uma rocha-reservatório que contém diversos constituintes, tais como quartzo, carbonato, feldspato, mica, argila e também óleo e água dentro de poros.

Figura 1.1 – Rocha-Reservatório de Petróleo com diversos tipos de constituintes.
[Thomas, 2001]

1.2 Propriedades da rocha-reservatório

Uma rocha formada por sedimentos é constituída pela matriz, que é sua parte sólida e pelos poros que são os vazios. Estes vazios podem ser preenchidos por fluidos. Os poros podem ser de origem primária, isto é, decorrentes do processo de formação da rocha, ou ainda devido à fratura posterior ou mesmo pela dissolução da matriz em operações de exploração.

As rochas com porosidade interconectada como os arenitos e calcarenitos são permeáveis. Outras rochas, tais como os folhelhos e certos carbonatos são porosos, porém, em geral impermeáveis, pois os poros existentes não estão ligados. Apenas quando ocorrem fraturas nestas rochas impermeáveis é que se possibilita a extração de petróleo.

2

Para uma rocha, seu volume total compreende o volume de poros e de sólidos, isto

é,

$$V_t = V_p + V_s \ . \tag{1.1}$$

A porosidade, que depende da forma como ocorre a distribuição das partes sólidas e

de vazios, é definida como:

$$\phi = \frac{V_p}{V_t} \ . \tag{1.2}$$

Entretanto, alguns poros não estão conectados aos demais, e não servem ao fluxo de

material líquido ou gasoso. Para obter apenas a porosidade efetiva, no cálculo da

porosidade considera-se apenas o volume de poros com conexão com os demais, e todo o

volume de petróleo possível de ser extraído pelos métodos tradicionais vem destes sítios.

Uma alternativa para utilizar os hidrocarbonetos contidos nos poros isolados seria a

mineração da rocha-reservatório, o que é, em geral, economicamente inviável.

A porosidade que surge quando da conversão do material sedimentar em rocha é

denominado porosidade primária. Posteriormente, devido à fratura da rocha sob esforços

mecânicos, ou à dissolução química, a fração de poros aumenta. Esta porosidade é chamada

de secundária. A água, por exemplo, pode dissolver as rochas calcárias, se as condições

físico-químicas forem favoráveis e aumentar a porosidade. Diversos índices de saturação

permitem avaliar a capacidade da água em dissolver a rocha, podendo ser expresso, por

exemplo, pelo índice de Langelier e outros (Hamrouni et, 2002). Na Eq. (1.3), se o fator

pH_L for inferior ao pH haverá dissolução da rocha e aumento da permeabilidade, e o

contrário indicará tendência à precipitação.

$$L = pH - pH_L \ . \tag{1.3}$$

3

Experimentalmente a porosidade é avaliada por medida da resistência elétrica testada *in situ* ou em amostras. Uma amostra de rocha contendo gás, óleo e água em seus poros terá uma grande resistência elétrica, pois a fração de hidrocarboneto é muito resistiva. A Eq. (1.4), chamada lei de Archie, descreve a resistência de uma amostra contendo água. Nesta equação a é a tortuosidade do meio, R_w é a resistividade elétrica da água, e S_w saturação da água.

$$R = \frac{aR_w}{\phi^m S_w^n}.$$ (1.4)

Os valores usuais dos coeficientes de saturação n é 2, e os parâmetros m e a são tais que $2 < m < 2,15$ e $0,62 < a < 0,81$.

Um parâmetro de grande interesse nos reservatórios de petróleo é a permeabilidade do meio poroso. A permeabilidade é uma medida da capacidade do meio poroso tem de permitir o escoamento de fluido entre seus poros. Considerando que exista uma diferença de pressão Δp entre os pontos localizados em duas diferentes seções transversais de área A, que se encontram a uma distância L, e que o fluido tenha viscosidade μ, a vazão volumétrica q é obtida pela forma algébrica da lei de Darcy,

$$q = k \frac{A\Delta p}{\mu L},$$ (1.5)

onde na Eq. (1.5) k é a permeabilidade do meio poroso.

1.3 Estimulação de Rochas-Reservatório

Após os estudos de prospecção, de perfuração e de viabilidade econômica têm início às operações de completação, que visam pôr o poço em efetivo funcionamento. Durante a vida produtiva dos poços, diversas intervenções são realizadas para corrigir problemas, tais como produção excessiva de água, produção de areia, vazão restringida de óleo e até mesmo a tomada de decisão de abandonar o poço. Este conjunto de operações é chamado "workover". Quando a produção é baixa, uma das causas podem ser incrustações de parafinas ou asfaltenos. Assim é preciso intervir para que a permeabilidade adequada seja reestabelecida ao se remover este dano. Dentre as possibilidades de estimulação temos o fraturamento hidráulico e a acidificação.

O fraturamento hidráulico consiste na injeção de um líquido sob pressão superior ao do reservatório, de modo a fraturar mecanicamente a porções da rocha-reservatório. Uma desvantagem desta operação é a necessidade de injeção de areia para dar sustentação estrutural ao reservatório que pode se fechar quando a pressão externa é removida. Esta areia tem de ter alta permeabilidade e ser carreada pelo fluido usado no fraturamento. Assim, ocorrerá uma modificação no escoamento que acontecerá de forma linear ao longo da linha fraturada e de modo pseudo-radial nas laterais da fratura. Diversos fatos contribuem para o aumento do fluxo de hidrocarboneto: acesso à região de boa permeabilidade, acesso às regiões não previamente conectadas ao poço, interconexão de fraturas naturais à fratura induzida etc.

Outras opções de fraturamento mecânico mais radicais já foram consideradas, como uso de explosivos e mesmo de artefatos nucleares, porém foram descartados pelos enormes riscos associados.

A acidificação da matriz consiste na injeção de ácidos a pressão inferior ao de fraturamento da rocha, para remover o dano que provoca a redução da permeabilidade. Esta opção pode ser realizada em rochas de formação calcária e também em arenitos, e deve sempre ser evitada a formação de precipitados que venham reduzir ainda mais a permeabilidade. A acidificação pode ainda ser usada em conjunto com o fraturamento

5

hidráulico e outras opções operacionais. Os ácido mais utilizados são o ácido clorídrico, HCl, e o ácido fluorídrico, HF. As formulações mais usuais são o mud acid regular, consistindo de 12% HCl mais 3% HF e o ácido clorídrico a 15%. Esta opção deve ser empregada, em vez do fraturamento hidráulico, nas rochas-reservatório com permeabilidade uniforme e relativamente elevada, e quando o material que obstrui o fluxo seja dissolvido por ácido.

Quando o ácido é injetado, seu pH é próximo de zero e à medida que reage com o carbonato o pH se eleva. Na faixa de pH entre 2 e 4, uma substância polimérica é adicionada para aumentar a viscosidade para cerca de 1000 cP, e isto mantém o ácido não reagido em contato com a rocha. Este comportamento é fundamental para a ação do ácido nas operações de estimulação (Zhou et al, 2007). Além desta faixa, a viscosidade abaixa e volta aos valores normais. A Fig. 1.2 mostra o tempo no qual o ácido atinge a formação a ser dissolvida obtida de uma operação real de um poço saudita.

6

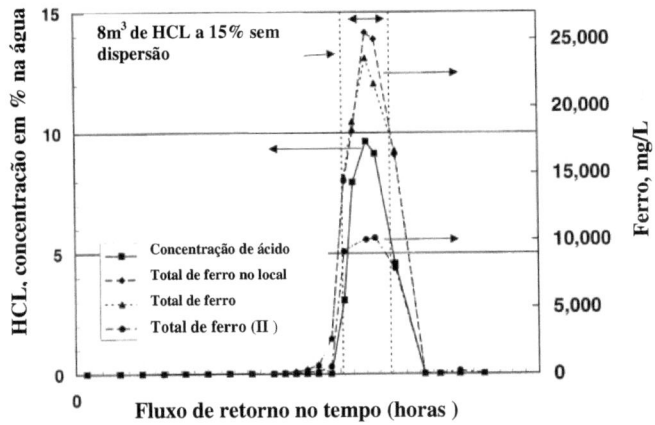

Figura.1.2 – Avanço da frente do ácido em relação ao tempo.[Taylor et al., 2000]

Taylor et al. (2000) reportam a injeção de água do mar em rocha-reservatório formada de calcário. A produção diária neste poço reduziu em cerca de 75%, havendo claramente necessidade de estimulação. Assim, 15 m^3 de ácido clorídrico a 15% foi injetado juntamente com inibidor de corrosão a 0,4% em volume. Após a injeção, a pressão do poço retornou a água e ela foi quimicamente analisada. Por dois dias, diversas outras injeções de ácido ocorreram no poço e a água de retorno foi novamente analisada. Cálculos de massa mostraram que 125 Kg de sulfato de cálcio foram dissolvidos nesta operação e o índice de injetabilidade aumentou em 75%, de 0,12 para 0,21 m, indicando um sucesso na intervenção. A redução da injetabilidade pode ser causada pela acumulação de partículas próximas da saída do poço ou localizadas em áreas mais profundas. Além disto, a precipitação de hidróxido de ferro, sulfeto de ferro, sulfato de cálcio e acúmulo de biomassa decorrente de produtos de corrosão são os constituinte-chave do declínio da injetabilidade. A Fig. 1.3 mostra a concentração de HCl na água de retorno, onde se observa a maior

7

concentração por volta de 2,5 horas. Adicionalmente, houve corrosão de 235 Kg de aço das

tubulações nesta operação. Assim, um fluido deve ter, pelo menos, na sua composição

ácidos para dissolver a rocha, inibidores de corrosão para evitar a corrosão dos dutos e

substância polimérica para ajustar a viscosidade.

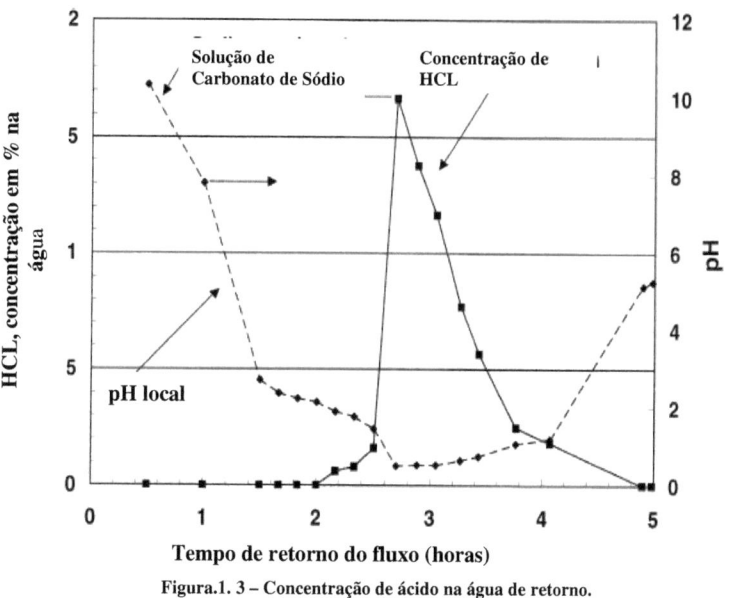

Tempo de retorno do fluxo (horas)

Figura.1. 3 – Concentração de ácido na água de retorno.

[Taylor et al, 2000]

Os tubos casing possuem ferrugem como , FeO e Fe_2O_3. que são rapidamente

dissolvidos quando há injeção de ácidos nos poços. A quantidade ferro dissolvido pode

atingir até valores elevados tais como 30g/L, havendo risco adicional de precipitação de

compostos de ferro. Para manter estes valores controlados pode-se adicionar ao ácido

clorídrico em concentração de 15%, ácido acético, que evita a precipitação do ferro e ácido

cítrico.

8

Para atingir grandes profundidades de fraturamento, o comportamento viscoso do ácido é muito importante, pois a taxa de reação do íon de hidrogênio H^+ com a formação rochosa deve ser restringida de modo que permita ao ácido escoar para regiões ainda mais profundas antes de reagir [Zhou et al., 2007]. O comportamento da viscosidade com o pH de novas formulações é apresentado na figura 4. Este efeito é ainda mais importante se a rocha for pouco permeável e pouco porosa e o fraturamento ácido for necessário em grandes profundidades. Nota-se que o ácido denominado LCA eleva sua viscosidade na faixa de pH entre 2-4, pois formam-se ligações entre cadeias poliméricas apenas nesta faixa de pH.

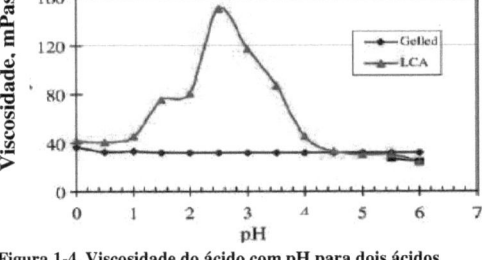

Figura 1-4. Viscosidade do ácido com pH para dois ácidos (Zhou et.,2007)

Em reservatórios de gás, cuja porosidade pode ser muito baixa, da ordem de 5%, o escoamento do ácido deve ser injetado com pressão suficiente para superar a pressão capilar Δp, dada pela equação de Laplace (7).

$$\Delta p = \frac{2\sigma \cos\theta}{R_{medio}} \tag{1.7}$$

Onde σ é a tensão superficial entre o ácido e a rocha e R_{medio} corresponde ao tamanho médio dos poros. Assim, para conseguir uma boa penetração em rochas com pequena porosidade média é necessário que a tensão superficial do ácido seja pequena. Estudos com o ácido HCl mostram que vários inibidores orgânicos de corrosão reduzem a tensão superficial, e além disto, os ácidos acético e fórmico atuam de modo semelhante [Nasr-ElDin et al,, 2004]

9

Outra aplicação interessante são os estudos de uso do ácido sulfúrico no subsolo da Holanda, para permitir a transformação do calcário em gipsita que tem duas vezes o volume molar original do calcário. Com isto, haveria uma elevação do nível da terra capaz de reduzir o efeito da elevação da água do mar devido ao efeito estufa, e ao mesmo tempo seria uma destinação adequada dos rejeitos industriais ácidos [Speck et al, 1998]. A reação química seria

$$CaCO_3 + H_2SO_4 + H_2O = CaSO_4.H_2O + CO_2$$

Para permitir que a reação não seja bloqueada tão logo se forme os primeiros grãos de gipsita, o ácido clorídrico seria usado para dissolver e permitir uma penetração mais profunda do ácido sulfúrico, pois ocorreria um grande aumento da permeabilidade da rocha, e neste caso a dissolução seria

$$CaCO_3 + 2HCl = Ca^{2+} + 2Cl^- + H_2O + CO_2$$

Mumallah [1998] testou diversas rochas de calcários típicas para determinar a reação do ácido clorídrico com a rocha. A solução usada era 28% HCl, com inibidor de corrosão 2,5 mL/L (o inibidor não especificado) a $93^{\circ}C$. A reação foi monitorada pela quantidade de CO_2 gerado. Foi encontrada uma correlação entre a permeabilidade e a taxa de reação, conforme mostrado na figura.1. 6.

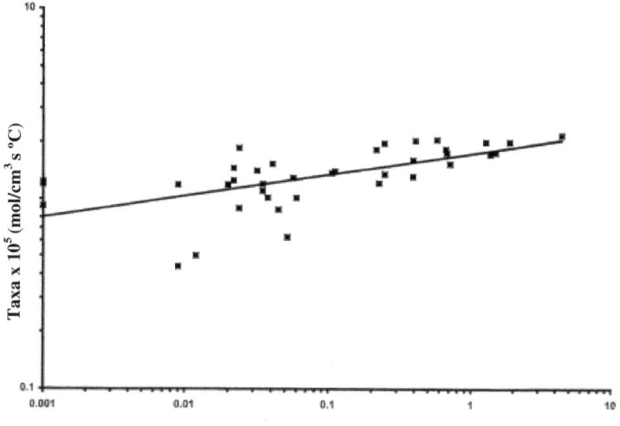

Permeabilidade,mD
Figura 1.5 - Correlação entre a taxa de reação de dissolução e a permeabilidade.
[Mumallah, 1998]

10

Mumallah considerou o coeficiente de difusão do ácido HCl como sendo $5,8\times10^{-6}$ cm^2/s nesta temperatura e no meio de carbonato de cálcio. Finalmente o autor propõe que as equações semi-empíricas 8 a 10 sejam suficientes para modelar a estimulação ácida de rocha-reservatório com ácido clorídrico.

$$S_h = 1,83(S^{0,6}.K^{0,07})(\frac{R_e.S_c.de}{L})^{1/3}$$ (1.8)

$$S_h = \frac{K_m.de}{D}$$ (1.9)

$$W = K_m.A.\Delta C$$ (1.10)

Onde:

S_h número de Sherwood

S solubilidade adimensional do ácido na rocha

D coeficiente de difusão (cm^2/s)

R_e número de Reynolds

S_c número de Schmidt

de diferença entre os diâmetros do reator e do núcleo (cm)

L comprimento do núcleo

W taxa de transferência de massa (mol/s)

A área (cm^2)

ΔC diferença de concentração do ácido

1.4 Proposta do texto

A presente texto tem como objetivos a modelagem e simulação da dissolução em um meio poroso bidimensional (semelhante a uma rocha formada essencialmente de carbonato de cálcio) pela injeção de ácido (por exemplo, ácido clorídrico).

No estudo desenvolvido aqui, supomos que o escoamento é totalmente miscível e tanto a matriz sólida quanto o fluido são considerados incompressíveis. Visamos, em uma primeira abordagem, simular a injeção de ácido usada na explotação de petróleo para estimulação de poços. Entretanto, para fins de simplificação, consideramos que a rocha é formada por uma única espécie química, um soluto, e inicialmente encontra-se totalmente saturada por um fluido constituído apenas por soluto. Em seguida, consideramos a injeção de um solvente no meio poroso, o ácido, convectado por um campo de velocidade com perfil constante e possuindo coeficiente de difusão conhecido. Para tanto, desenvolvemos uma formulação matemática especialmente aplicada a este caso que é apresentado no Capítulo 2. Para a resolução numérica, usamos métodos de *diferenças finitas de alta ordem*, com o emprego do limitador de fluxo *superbee*. Foi também estabelecida uma técnica de partição de operadores, de modo que consideramos no cálculo da concentração do ácido e da porosidade (em cada passo de tempo) um desacoplamento das equações diferenciais parciais do problema, no nível de resolução numérica. Além disto, supomos que a permeabilidade varia linearmente com a porosidade. As técnicas numéricas estão descritas no Capítulo 3 e os resultados e conclusões encontram no Capítulo 4 ,.

12

Capítulo II

Formulação do Problema

2. Modelo Simplificado

2.1 Formulação Geral

Neste capítulo é apresentada a formulação matemática do fenômeno de escoamento miscível decorrente da injeção de ácido em um meio poroso, com dissolução parcial do meio. Na modelagem foi considerada o escoamento isotérmico de um fluido monofásico de densidade ρ_F e viscosidade μ. O fluido é constituído de uma mistura formada por duas espécies químicas totalmente miscíveis, um solvente e um soluto. O escoamento ocorre no interior de um meio poroso bidimensional, horizontal e com formato retangular, denotado por $\Omega = [0, L_x] \times [0, L_y]$. O solvente é supostamente um ácido com a propriedade de dissolver o meio poroso, enquanto que a matriz sólida que constitui o meio é, por hipótese, formada por uma única espécie química, o soluto.

A velocidade do fluido $\mathbf{u} = (u_1, u_2)$ é descrita pela lei de Darcy, Allen et al, (1988),

$$\mathbf{u} = -\frac{k}{\mu} \nabla P,\tag{2.1}$$

onde P é a pressão e k é a permeabilidade do material poroso. Além da lei de Darcy consideramos outras três equações diferenciais parciais modelando (*i*) o balanço de massa do sólido (cuja densidade é ρ_R), (*ii*) o balanço de massa do soluto na fase líquida e (*iii*) o balanço de massa do solvente no líquido. Conforme Allen et al. (1988), essas equações são, respectivamente,

$$\frac{\partial[(1-\phi)\rho_R]}{\partial t} = -\Gamma,\tag{2.2}$$

13

$$\frac{\partial(\phi\rho_F\omega_1)}{\partial t} + \nabla \cdot (\rho_F\omega_1\phi\mathbf{v}) + \nabla \cdot \mathbf{J}_1 = \Gamma, \tag{2.3}$$

$$\frac{\partial(\phi\rho_F\omega_2)}{\partial t} + \nabla \cdot (\rho_F\omega_2\phi\mathbf{v}) + \nabla \cdot (\mathbf{J}_2) = 0, \tag{2.4}$$

onde t representa o tempo, ϕ é a porosidade do meio sólido, ω_1 e ω_2 são, respectivamente, as frações mássicas do soluto e do solvente na fase líquida. O termo fonte Γ é uma quantidade positiva que modela a transferência de massa do soluto que ocorre entre o meio poroso e o fluido. Os vetores $\mathbf{J}_1$ e $\mathbf{J}_2$ são, respectivamente, os fluxos difusivos das espécies químicas soluto e solvente presentes no líquido. O vetor $\mathbf{v} = (\upsilon_1, \upsilon_2)$, dado por

$$\mathbf{v} = \frac{\mathbf{u}}{\phi} \tag{2.5}$$

é a velocidade intersticial do fluido, onde $\mathbf{u}$ é a velocidade de Darcy definida na Eq. (2.1). Deve-se notar que

$$\omega_1 + \omega_2 = 1, \tag{2.6}$$

$$\mathbf{J}_1 + \mathbf{J}_2 = 0. \tag{2.7}$$

Em vista das restrições (2.6) e (2.7), somando as Eqs. (2.3) e (2.4), obtemos a seguinte equação,

$$\frac{\partial(\phi\rho_F)}{\partial t} + \nabla \cdot (\rho_F\phi\mathbf{v}) = \Gamma, \tag{2.8}$$

que representa a conservação de massa do fluido. A Eq. (2.8) é uma combinação linear das equações descritas em (2.3) e (2.4). Logo, a relação em (2.8) só pode ser usada na modelagem se for retirada uma das duas equações de balanço de massa descritas anteriormente. Aqui, optamos por desconsiderar a Eq. (2.3), a conservação de massa do soluto no fluido, e mantemos a Eq. (2.4), a conservação de massa do solvente.

O fluxo difusivo do solvente será modelado por uma lei de Fick generalizada,

$$\mathbf{J}_2 = -\phi\rho_F \mathbf{D}\nabla\omega_2 . \tag{2.9}$$

onde a matriz $\mathbf{D}$ é o tensor de difusão. Assim, podemos escrever o balanço de massa do solvente (Eq. 2.4) como segue,

$$\frac{\partial(\phi\rho_F\omega_2)}{\partial t} + \nabla \cdot (\rho_F\omega_2\phi\mathbf{v}) - \nabla \cdot \left(\phi\rho_F \mathbf{D}\nabla\omega_2\right) = 0 . \tag{2.10}$$

Denotando a fração mássica ω_2 pela variável c, resumimos em (2.11) as equações do modelo descrito até aqui,

$$\begin{cases} \dfrac{\partial[(1-\phi)\rho_R]}{\partial t} = -\Gamma \\[2mm] \dfrac{\partial(\phi\rho_F)}{\partial t} + \nabla \cdot (\rho_F\phi\mathbf{v}) = \Gamma \\[2mm] \dfrac{\partial(\phi\rho_F c)}{\partial t} + \nabla \cdot (\rho_F\phi c\mathbf{v}) - \nabla \cdot \left(\phi\rho_F \mathbf{D}\nabla c\right) = 0 \\[2mm] \mathbf{v} = -\dfrac{k}{\mu\phi}\nabla P \end{cases} \tag{2.11}$$

Daqui em diante, a função $c = c(x, y, t)$ será chamada de concentração do solvente, onde x e y representam as variáveis espaciais referente ao domínio bidimensional..

Supomos que o fluido é incompressível e, além disso, a sua densidade não varia com a concentração do soluto. Em vista disso, se o meio poroso é rígido, então ρ_F e ρ_R são constantes. Neste caso, as Eq. (2.11) tornam-se

15

$$\begin{cases} \dfrac{\partial \phi}{\partial t} = \dfrac{\Gamma}{\rho_R} \\[2mm] \dfrac{\partial \phi}{\partial t} + \nabla \cdot (\phi \mathbf{v}) = \dfrac{\Gamma}{\rho_F} \\[2mm] \dfrac{\partial (\phi c)}{\partial t} + \nabla \cdot (\phi c \mathbf{v}) - \nabla \cdot (\phi \mathbf{D} \nabla c) = 0 \\[2mm] \mathbf{v} = -\dfrac{k}{\mu \phi} \nabla P \end{cases} \qquad (2.12)$$

Deve-se notar que as expressões descritas em (2.12) formam um sistema com cinco equações diferenciais, possuindo cinco variáveis independentes, ϕ, v_1, v_2, c e P, que são funções da posição e do tempo, isto é, $c = c(x, y, t)$, $\phi = \phi(x, y, t)$, $P = P(x, y, t)$.

A seguir, apresentamos o modelo usado na descrição do fenômeno de difusão molecular decorrente da mistura de duas diferentes espécies químicas, o solvente e o soluto, o qual também incorpora os efeitos da dispersão mecânica que ocorre no interior do meio poroso. Seguindo Peaceman (1966), usaremos um modelo da forma

$$\mathbf{D} = \mathbf{D}_{mol} + \mathbf{D}_{mec}. \qquad (2.13)$$

A primeira parcela do lado direito da Eq. (2.13) é proveniente da lei de Fick, classicamente usada para descrever o fenômeno de difusão molecular. Assim, podemos escrever

$$\mathbf{D}_{mol} = d_m \mathbf{I}, \qquad (2.14)$$

onde o escalar d_m é o coeficiente de difusão molecular do solvente no fluido e $\mathbf{I}$ é a matriz identidade. A outra parcela refere-se à dispersão mecânica, sendo descrita por uma relação constitutiva. Esta relação é caracterizada por dois parâmetros α_l e α_t, que governam a dispersão mecânica, de modo que

$$\mathbf{D}_{mec} = |\mathbf{v}| \left(\alpha_l \mathbf{E} + \alpha_t \mathbf{E}^\perp \right) \qquad (2.15)$$

onde os tensores $\mathbf{E} = \mathbf{E}(\mathbf{v})$ e $\mathbf{E}^\perp = \mathbf{E}^\perp(\mathbf{v})$ são dados por

$$E_{i,j} = \frac{1}{|\mathbf{v}|^2} \upsilon_i \upsilon_j \ ; \quad \text{para todo } i, j = 1, 2 \ ,$$ (2.16)

$$\mathbf{E}^\perp = \mathbf{I} - \mathbf{E} \ .$$ (2.17)

Os parâmetros α_l e α_t são, respectivamente, os coeficientes de dispersão longitudinal e transversal. Estes parâmetros são números positivos, com dimensão de comprimento e diferem entre si em cerca de uma ordem de grandeza. De fato, valores típicos de α_l e α_t são tais que $\alpha_l \approx 10\alpha_t$ (Wang el al.,2000). Por outro lado, o coeficiente d_{mol} possui dimensão de área por unidade de tempo e apresenta valores menores do que aqueles destinados aos coeficientes de dispersão. Ou seja, a dispersão mecânica é fisicamente mais relevante do que a difusão molecular. Assim, a Eq. (2.13) pode ser escrita na seguinte forma,

$$\mathbf{D} = \begin{pmatrix} d_{mol} & 0 \\ 0 & d_{mol} \end{pmatrix} + \frac{\alpha_l}{\sqrt{\upsilon_1^2 + \upsilon_2^2}} \begin{pmatrix} \upsilon_1^2 & \upsilon_1\upsilon_2 \\ \upsilon_1\upsilon_2 & \upsilon_2^2 \end{pmatrix} + \frac{\alpha_t}{\sqrt{\upsilon_1^2 + \upsilon_2^2}} \begin{pmatrix} \upsilon_2^2 & -\upsilon_1\upsilon_2 \\ -\upsilon_1\upsilon_2 & \upsilon_1^2 \end{pmatrix} .$$ (2.18)

A viscosidade é geralmente descrita por uma correlação com a seguinte dependência funcional,

$$\mu = \mu(c) \ .$$ (2.19)

Na modelagem do presente problema, foi necessário incluir uma outra correlação descrevendo a dependência da permeabilidade com relação à porosidade,

$$k = k(\phi) \ .$$ (2.20)

2.2 Problema Simplificado

Na presente seção, desenvolvemos um problema simplificado que será efetivamente resolvido neste trabalho. Este problema é um caso particular do problema mais geral formulado na Seção 2.1. Para isso, consideramos que a Eq. (2.20) obedece simplesmente a uma relação linear do tipo

$$k = a\phi, \tag{2.21}$$

onde a constante positiva a possui dimensão de área. Supomos também que a viscosidade da mistura fluida soluto-solvente é constante,

$$\mu = \mu_0. \tag{2.22}$$

Além disso, consideramos que

$$\alpha_l = \alpha_t \equiv \alpha, \tag{2.23}$$

e

$$\begin{cases} v_1 \equiv v = \text{constante} > 0 \\ v_2 = 0 \end{cases} \tag{2.24}$$

Note que as hipóteses simplificadoras (2.21) e (2.24), juntamente com a definição em (2.5), mostram que, nessas condições, $u_2 = 0$ e existe uma constante positiva $b = (v/a)$ tal que $u_1 = bk$. Em outras palavras, com isso, estamos considerando que em todo ponto do meio poroso a magnitude da velocidade de Darcy é diretamente proporcional à magnitude da permeabilidade. Assim, durante a injeção contínua de solvente, a uma velocidade de Darcy que possui valor inicial relativamente pequena, devido provavelmente, ao baixo valor da permeabilidade inicial do meio, tende a crescer com o passar do tempo. Este comportamento está coerente com o fenômeno físico relacionado com a dissolução da matriz sólida. Entretanto, esta variação linear na velocidade de Darcy não implica na variação da velocidade intersticial, que permanece constante.

Em vista das hipóteses descritas em (2.21), (2.22) e (2.24), não necessitamos resolver numericamente a última equação do sistema mostrado em (2.12), uma vez que o campo de velocidade e (conseqüentemente) o gradiente de pressão encontram-se plenamente determinados. De fato, como a velocidade intersticial é dada por (2.24), então os componentes do gradiente de pressão obedecem às seguintes relações,

$$\begin{cases} \dfrac{\partial P}{\partial x} = -\dfrac{\mu_0}{a} v_1 \\ \dfrac{\partial P}{\partial y} = 0 \end{cases} \qquad (2.25)$$

para todo (x, y) no interior do domínio $\Omega = [0, L_x] \times [0, L_y]$. A Eq. (2.25) mostra que o campo de pressão é da forma

$$P(x, y, t) = -\left(\dfrac{\mu_0}{a} v_1 \right) x + \text{constante} , \qquad (2.26)$$

para todo (x, y) no interior de Ω. A constante indicada na Eq. (2.26) só pode depender, ainda que eventualmente de t. Assim, impondo condições de contorno sobre a pressão ao longo do lado esquerdo $\partial \Omega_l \equiv \{(0, y); 0 \le y \le L_y\}$ do domínio Ω, podemos determinar $P(x, y, t)$. Por exemplo, tomando-se $P(x, y, t) = P^*$, para todo $(x, y) \in \Omega_l$ e $t > 0$, obtemos, pela Eq. (2.26), a relação $P(x, y, t) = P^* - (\mu_0 v_1 / a) x$.

Em vista do exposto anteriormente, notamos que o problema simplificado se reduz à duas variáveis independentes, ϕ e c. Em seguida, para determinar as duas equações diferenciais efetivamente utilizadas aqui, somamos a primeira equação mostrada em (2.12) com a segunda. Dessa forma obtemos

19

$$2\frac{\partial \phi}{\partial t} + \nabla \cdot (\phi \mathbf{v}) = \Gamma \left(\frac{1}{\rho_F} + \frac{1}{\rho_R} \right). \tag{2.27}$$

Note que a Eq. (2.27) representa a conservação de massa do sistema sólido + líquido.

Utilizando as condições Eq. (2.24) em Eq. (2.27), chegamos à equação diferencial que denominaremos de equação da porosidade,

$$2\frac{\partial \phi}{\partial t} + v\frac{\partial \phi}{\partial x} = \Gamma \left(\frac{1}{\rho_F} + \frac{1}{\rho_R} \right). \tag{2.28}$$

Por outro lado, a equação $\partial(\phi c)/\partial t + \nabla \cdot (c\phi \mathbf{v}) - \nabla \cdot (\phi \mathbf{D} \nabla c) = 0$ (veja Eq. 2.12), quando combinada com as Eqs. (2.18), (2.23) e (2.24), fornece a equação de conservação de massa do solvente para o problema simplificado, que denominamos de equação da concentração,

$$\frac{\partial(\phi c)}{\partial t} + v\frac{\partial(\phi c)}{\partial x} - D\frac{\partial^2(\phi c)}{\partial x^2} - D\frac{\partial^2(\phi c)}{\partial y^2} = 0, \tag{2.29}$$

onde o escalar D é definido por

$$D = d_{mol} + \alpha. \tag{2.30}$$

As Eqs. (2.28) e (2.29) constituem o sistema de equações diferenciais a ser resolvido para determinar os valores das variáveis independentes ϕ e c, em cada instante de tempo e em cada ponto do meio poroso.

Neste trabalho, consideramos que o termo que modela a transferência de massa entre o líquido e o sólido possui a forma descrita abaixo,

$$\Gamma = \gamma c, \tag{2.31}$$

onde γ é o coeficiente de transferência do soluto do meio poroso para o solvente líquido e é sempre positivo. A Eq. (2.31) mostra que a transferência de massa atinge o valor máximo

20

quando $c = 1$, ou seja, quando o fluido em contato com o sólido é formado por 100% de solvente. Na condição extrema, a transferência é nula na ausência de solvente, onde $c = 0$.

Com isso, o sistema a ser resolvido pode ser escrito como segue,

$$\begin{cases} 2\dfrac{\partial \phi}{\partial t} + \upsilon\dfrac{\partial \phi}{\partial x} = \gamma\left(\dfrac{1}{\rho_F} + \dfrac{1}{\rho_R}\right)c \\[2ex] \dfrac{\partial(\phi c)}{\partial t} + \upsilon\dfrac{\partial(\phi c)}{\partial x} - D\dfrac{\partial^2(\phi c)}{\partial x^2} - D\dfrac{\partial^2(\phi c)}{\partial y^2} = 0 \end{cases} \tag{2.32}$$

A resolução de (2.32) exige condições iniciais. Aqui, consideramos o seguinte,

$$\phi(x, y, 0) = \phi_0(x, y), \text{ para todo } (x, y) \in (0, L_x) \times (0, L_y), \tag{2.33}$$

$$c(x, y, 0) = 0, \text{ para todo } (x, y) \in (0, L_x) \times (0, L_y). \tag{2.34}$$

A Eq. (2.33) define o valor inicial da porosidade. A condição (2.34) indica que inicialmente o meio poroso encontra-se preenchido com um fluido contendo apenas soluto.

As condições de contorno para a equação da concentração são

$$c(0, y, t) = 0, \quad \text{se } 0 \le y < y_a \text{ e } t > 0, \tag{2.35}$$

$$c(0, y, t) = 1, \quad \text{se } y_a \le y \le y_b \text{ e } t > 0, \tag{2.36}$$

$$c(0, y, t) = 0, \quad \text{se } y_b < y \le L_y \text{ e } t > 0, \tag{2.37}$$

$$\frac{\partial c(L_x, y, t)}{\partial x} = 0, \quad \text{se } 0 \le y \le L_y \text{ e } t > 0, \tag{2.38}$$

$$\frac{\partial c(x, 0, t)}{\partial y} = 0, \quad \text{se } 0 \le x \le L_x \text{ e } t > 0, \tag{2.39}$$

$$\frac{\partial c(x, L_y, t)}{\partial y} = 0, \quad \text{se } 0 \le x \le L_x \text{ e } t > 0. \tag{2.40}$$

As Eqs. (2.35)-(2.37) decorrem do fato de o solvente ser injetado num segmento lateral $y_a \leq y \leq y_b$ pertencente ao bordo esquerdo do retângulo Ω. As condições (2.38)-(2.40) indicam que o fluxo de concentração é nulo nos demais lados de Ω. Semelhantemente, as condições de contorno para a equação da porosidade são dadas por

$$\phi(0, y, t) = \tilde{\phi}(y, t), \quad \text{se } 0 \leq y \leq L_y \text{ e } t > 0, \tag{2.41}$$

$$\frac{\partial \phi(L_x, y, t)}{\partial x} = 0, \quad \text{se } 0 \leq y \leq L_y \text{ e } t > 0, \tag{2.42}$$

$$\frac{\partial \phi(x, 0, t)}{\partial y} = 0, \quad \text{se } 0 \leq x \leq L_x \text{ e } t > 0, \tag{2.43}$$

$$\frac{\partial \phi(x, L_y, t)}{\partial y} = 0, \quad \text{se } 0 \leq x \leq L_x \text{ e } t > 0. \tag{2.44}$$

Capítulo 3

Metodologia Numérica

3.1 Tratamento da Equação da Concentração

Consideramos inicialmente o esquema numérico usado na discretização da equação da concentração, que é do tipo convecção-difusão, sendo dada por

$$\frac{\partial(\phi c)}{\partial t} + v\frac{\partial(\phi c)}{\partial x} - D\frac{\partial^2(\phi c)}{\partial x^2} - D\frac{\partial^2(\phi c)}{\partial y^2} = 0 . \tag{3.1}$$

Para isso, discretizamos o domínio $\Omega = [0, L_x] \times [0, L_y] \subset \mathbb{R}^2$ usando uma grade de blocos centrados denotada por $\hat{\Omega} = \left\{ (x_i, y_j) \in \mathbb{R}^2;\ i = 1,\ldots,n_x \text{ e } j = 1,\ldots,n_y \right\}$ apresentada na Fig. 3.1.

A discretização resulta que $x_i = (i - 1/2)\Delta x$, para todo $i = 1,\ldots,n_x$, com $\Delta x = L_x/n_x$, e $y_j = (j - 1/2)\Delta y$, para todo $j = 1,\ldots,n_y$, com $\Delta y = L_y/n_y$. A escolha dos inteiros n_x e n_y define o número de blocos nas direções x e y, respectivamente. Cada ponto $(x_i, y_j) \in \hat{\Omega}$ representa um nó da grade, onde os valores das variáveis são efetivamente calculados em cada instante de tempo de interesse. O conjunto $\hat{\Omega}_{ij} = [x_{i-1/2}, x_{i+1/2}] \times [y_{j-1/2}, y_{j+1/2}]$ é o bloco (ou célula) da grade $\hat{\Omega}$ cujo centro coincide com o nó (x_i, y_j). A evolução temporal é feita de forma iterativa, com incrementos de passos de tempo iguais a Δt, de modo que um dado intervalo de tempo $[0, T]$ é dividido em vários níveis. Aqui, um nível genérico n representa o instante $t_n = n\Delta t$, para algum $n = 0,\ldots,n_T$, tal que $t_0 = 0$ e $t_{n_T} = T$. Assim, para indicar a concentração $c(x_i, y_j, t_n)$, por exemplo, usamos a notação clássica c_{ij}^n.

23

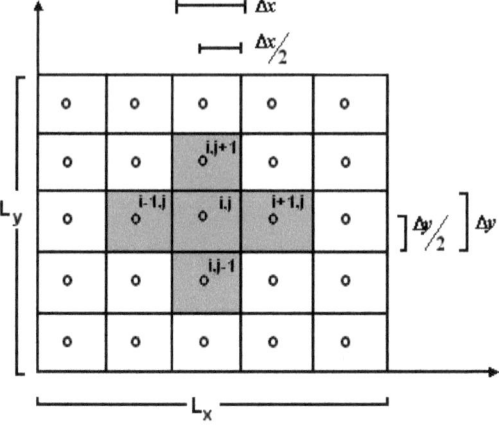

Figura 3.1. Grade de blocos centrados.

Para um ponto $(x_i, y_j) \in \hat{\Omega}$, num nível de tempo t_n, empregamos os seguintes esquema de diferenças finitas,

$$\left(\frac{\partial (\phi c)}{\partial t} \right)^n_{i,j} \approx \frac{\phi^{n+1}_{i,j} c^{n+1}_{i,j} - \phi^n_{i,j} c^n_{i,j}}{\Delta t}, \tag{3.2}$$

$$\left(\frac{\partial^2 (\phi c)}{\partial x^2} \right)^n_{i,j} \approx \frac{\phi^n_{i-1,j} c^n_{i-1,j} - 2\phi^n_{i,j} c^n_{i,j} + \phi^n_{i+1,j} c^n_{i+1,j}}{\Delta x^2}, \tag{3.3}$$

$$\left(\frac{\partial^2 (\phi c)}{\partial y^2} \right)^n_{i,j} \approx \frac{\phi^n_{i,j-1} c^n_{i,j-1} - 2\phi^n_i c^n_{i,j} + \phi^n_{i,j+1} c^n_{i,j+1}}{\Delta y^2}. \tag{3.4}$$

O esquema (3.2) é de primeira ordem no tempo. As aproximações mostradas em (3.3) e (3.4) são esquemas de diferenças centradas de segunda ordem das variáveis espaciais.

24

A discretização do termo convectivo $\partial(\phi c)/\partial x$ da Eq. (3.1) merece um cuidado especial. De fato, é bem conhecido que métodos de primeira ordem produzem difusão numérica, enquanto que métodos clássicos de segunda ordem costumam introduzir oscilações espúrias na solução numérica. Em vista disso, usaremos um esquema de alta ordem do tipo TVD ("total variation diminishing"). Para detalhes sobre tais esquemas recomendamos o artigo de Blunt e Rubin (1992) e os livros de Thomas (1999) e Leveque (2002), por exemplo. Assim, consideramos a seguinte aproximação,

$$
\left(\frac{\partial(\phi c)}{\partial x}\right)^n_{i,j} \approx -\frac{1}{\Delta x}\left[\left(\phi^n_{i-1/2,j}\, c^n_{i-1,j} - \phi^n_{i-1/2,j} c^n_{i,j}\right) + \phi^n_{i-1/2,j}\, \frac{\varphi(r^n_{i-1/2,j})}{2}\left(c^n_{i,j} - c^n_{i-1,j}\right) - \right.
$$
$$
\left. \phi^n_{i+1/2,j}\, \frac{\varphi(r^n_{i+1/2,j})}{2}\left(c^n_{i+1,j} - c^n_{i,j}\right) \right]
$$

(3.5)

onde

$$
r^n_{i+1/2} = \frac{c^n_i - c^n_{i-1}}{c^n_{i+1} - c^n_i}. \tag{3.6}
$$

A função $\varphi(r)$ é chamada de limitador de fluxo. Aqui usamos o limitador denominado de superbee, devido a Roe (1985), dado por

$$
\varphi(r) = \max\left\{0,\ \min\{1, 2r\},\ \min\{2, r\}\right\}. \tag{3.7}
$$

O parâmetro $r^n_{i+1/2}$ funciona como um sensor de descontinuidades. Se a solução é suave, espera-se que $r_{i+1/2}$ se aproxime de 1, por outro lado, na presença de uma descontinuidade essa razão deve se afastar do valor unitário. Deste modo, o limitador de fluxo definido em (3.7) é usado para evitar oscilações numéricas na vizinhança de uma descontinuidade. Na Eq. (3.5), os valores da porosidade nos pontos que se encontram na fronteira de um bloco

$[x_{i-1/2}, x_{i+1/2}] \times [y_{j-1/2}, y_{j+1/2}]$ são aproximados por uma média harmônica dos valores nos pontos vizinhos, por exemplo,

$$\phi_{i+1/2,j}^n = \frac{2\phi_{i+1,j}^n \phi_{i,j}^n}{\phi_{i+1,j}^n + \phi_{i,j}^n}. \tag{3.8}$$

Em vista das expressões em Eqs. (3.2)-(3.5), o esquema para a discretização da Eq. (3.1), usado aqui, pode ser resumido como segue,

$$
\begin{aligned}
c_{i,j}^{n+1} \approx \phi_{i,j}^n c_{i,j}^n + \frac{\upsilon \Delta t}{\Delta x \, \phi_{i,j}^{n+1}} &\left[\left(\phi_{i-1/2,j}^n c_{i-1,j}^n - \phi_{i+1/2,j}^n c_{i,j}^n \right) + \phi_{i-1/2,j}^n \frac{\varphi(r_{i-1/2,j}^n)}{2} \left(c_{i,j}^n - c_{i-1,j}^n \right) - \right. \\
&\left. \phi_{i+1/2,j}^n \frac{\varphi(r_{i+1/2,j}^n)}{2} \left(c_{i+1,j}^n - c_{i,j}^n \right) \right] + \frac{D\Delta t}{\Delta x^2 \phi_{i,j}^{n+1}} \left(\phi_{i-1,j}^n c_{i-1,j}^n - 2\phi_{i,j}^n c_{i,j}^n + \phi_{i+1,j}^n c_{i+1,j}^n \right) + \\
&\frac{D\Delta t}{\Delta y^2 \phi_{i,j}^{n+1}} \left(\phi_{i,j-1}^n c_{i,j-1}^n - 2\phi_{i,j}^n c_{i,j}^n + \phi_{i,j+1}^n c_{i,j+1}^n \right)
\end{aligned}
\tag{3.9}
$$

Pode-se mostrar que o esquema em (3.9) é de segunda ordem nas variáveis x e y, e de primeira ordem no tempo.

3.2 Tratamento da Equação da Porosidade

Para a discretização da equação da porosidade,

$$2\frac{\partial \phi}{\partial t} + v\frac{\partial \phi}{\partial x} = \gamma\left(\frac{1}{\rho_F} + \frac{1}{\rho_R}\right)c, \tag{3.10}$$

usamos a mesma grade de blocos centrados mostrada na Fig. 3.1. Essa equação é do tipo convecção-reação. Novamente, para evitar oscilações espúrias usamos limitadores de fluxo. Assim, o termo difusivo $\partial\phi/\partial x$ é discretizado pelo mesmo esquema TVD descrito na Seção 3.1, o qual também emprega o limitador superbee mostrado em (3.7). Feito isso, obtemos

$$\left(\frac{\partial \phi}{\partial x}\right)^n_{i,j} \approx -\frac{1}{\Delta x}\left[\left(\phi^n_{i-1,j} - \phi^n_{i,j}\right) + \frac{\varphi(\overline{r}^n_{i-1/2,j})}{2}\left(\phi^n_{i,j} - \phi^n_{i-1,j}\right) - \frac{\varphi(\overline{r}^n_{i+1/2,j})}{2}\left(\phi^n_{i+1,j} - \phi^n_{i,j}\right)\right], \tag{3.11}$$

onde

$$\overline{r}^n_{i+1/2} = \frac{\phi^n_i - \phi^n_{i-1}}{\phi^n_{i+1} - \phi^n_i}. \tag{3.12}$$

A derivada temporal $\partial\phi/\partial t$ é aproximada por

$$\left(\frac{\partial \phi}{\partial t}\right)^n_{i,j} \approx \frac{\phi^{n+1}_{i,j} - \phi^n_{i,j}}{\Delta t}. \tag{3.13}$$

Com as discretizações indicadas em (3.11) e (3.13), o esquema para a Eq. (3.10) é dado por

$$\phi^{n+1}_{i,j} = \frac{v\Delta t}{2\Delta x}\left[\left(\phi^n_{i-1,j} - \phi^n_{i,j}\right) + \frac{\varphi(r^n_{i-1/2,j})}{2}\left(\phi^n_{i,j} - \phi^n_{i-1,j}\right) - \frac{\varphi(r^n_{i+1/2,j})}{2}\left(\phi^n_{i+1,j} - \phi^n_{i,j}\right)\right] +$$
$$\frac{1}{2}\gamma\left(\frac{1}{\rho_F} + \frac{1}{\rho_R}\right)c^n_{i,j}$$

$$\tag{3.14}$$

O esquema apresentado em (3.14) é também de segunda ordem nas variáveis espaciais e de primeira ordem no tempo.

3.3 Algoritmo de Evolução

As equações da concentração e da porosidade formam um sistema de duas equações acopladas. No entanto, o esquema explícito resumido em (3.14) desacopla a variável ϕ de c. Já o esquema mostrado em (3.9), necessita do valor da porosidade no nível $n+1$, para calcular $c_{i,j}^{n+1}$, ou seja, $\phi_{i,j}^{n+1}$. Ressalta-se que a parte difusiva requer o conhecimento destas variáveis no mesmo nível que a porosidade. Resolvemos este problema empregando uma técnica de separação de operadores. Assim, dado $c_{i,j}^{n}$, para evoluir no tempo, primeiro calculamos $\phi_{i,j}^{n+1}$, usando (3.14), em seguida, de posse deste valor, determinamos $c_{i,j}^{n+1}$ pelo esquema mostrado em (3.9). Isto é feito sucessivamente para todo $n > 0$. Em vista disso, denominamos este algoritmo de EPEC (Explicita Porosidade e Explicita Concentração).

Para as equações diferenciais parciais discretizadas nas Seções 3.1.e 3.2, tratamos as condições de contorno do tipo Dirichlet simplesmente impondo valores às variáveis referentes aos nós dos blocos de fronteira. As condições de Neumann foram aproximadas por diferenças finitas centradas de segunda ordem.

Capítulo 4

Resultados Comentados através das análises dos gráficos

4.1 Aspectos Gerais

No presente capítulo, apresentamos os resultados das simulações numéricas para o problema simplificado desenvolvido no Capítulo 2. Os dados utilizados aqui são mostrados na Seção 4.2. Na Seção 4.3 simulamos inicialmente um caso particular para inferir considerações a respeito da validação do código computacional desenvolvido nesta dissertação, onde os efeitos da difusão física foram totalmente desconsiderados. Os resultados desse exemplo puramente convectivo, com transferência de massa entre as fases sólida e líquida, permite a observação qualitativa da existência ou não de difusão numérica na solução gerada pelos esquemas numéricos utilizados. Finalmente, na Seção 4.4, discutimos os resultados das simulações que incluem os efeitos da difusão física e convecção do solvente ao longo do meio poroso.

4.2 Dados Numéricos

Em todos os exemplos, consideramos que o domínio poroso é um quadrado de lado igual a cem metros, ou seja, $L_x = L_y = 100\,m$. Supomos que o intervalo ao longo do lado vertical (à esquerda) por onde o solvente penetra no domínio poroso é, de acordo com a notação indicada nas Eqs. 2.35-2.37, definido por

$$30\,m = y_a \le y \le y_b = 70\,m . \tag{4.1}$$

Em outras palavras, as desigualdades em (4.1) afirmam que o comprimento do intervalo destinado à entrada do solvente mede $40\,m$, e tem limites inferior e superior dados por $y_a = 30\,m$ e $y_b = 70\,m$, respectivamente. O campo de velocidade é horizontal, da forma

$$v_1 \equiv v = 1\,m/h$$
$$v_2 = 0\,m/h$$

(4.2)

O esboço na Fig. 4.1 mostra uma grade sobre o domínio $\Omega = [0, L_x] \times [0, L_y]$, para ilustrar as informações do parágrafo anterior, onde enfatizamos o campo de velocidade a partir da seção de entrada do solvente no meio poroso. Como mostrado, o campo de velocidade não é nulo nos blocos da Fig. 4.1 que não se encontram na região alinhada horizontalmente com a seção de entrada do solvente, mesmo nestes blocos a velocidade possui valor unitário. As setas em negrito são locais que coincidem com o intervalo $y_a - y_b$ onde o solvente é injetado.

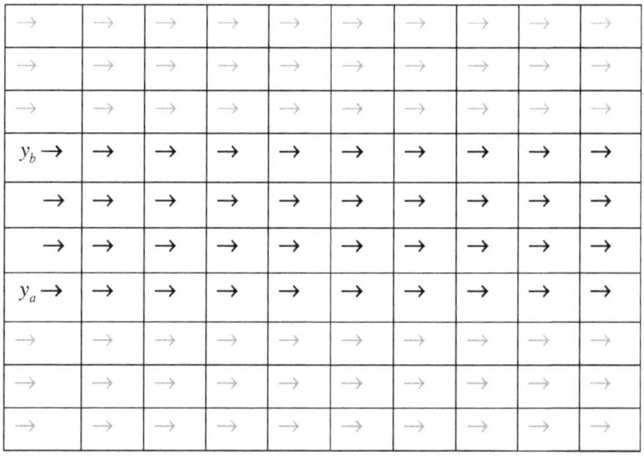

Figura 4.1. Seção de entrada do solvente e o campo de velocidade.

Para efeito de simulação, consideramos que a densidade do soluto e do solvente são

tais que $\dfrac{1}{\rho_F} + \dfrac{1}{\rho_R} = 0,07\,m^3/kg$. A porosidade inicial de todo o domínio poroso é $\phi_0 = 0,2$.

Por simplicidade, na Eq. (2.41), consideramos $\tilde{\phi} = \phi_0$. O coeficiente de transferência de massa do soluto, que ocorre entre a matriz sólida e o fluido, é tomado como sendo

$$\gamma = 4,0\,\dfrac{kg}{m^3.h}\,.$$

Todos os resultados mostrados neste capítulo se referem ao tempo de sessenta horas ($60h$) de injeção de solvente. Este tempo é superior ao utilizado na prática, conforme pode ser visto em Taylor et al. (2000), porém foi usado para testar a capacidade do método de resolução numérica para muitos níveis de tempo. O passo de tempo usado no algoritmo de evolução EPEC foi $\Delta t = 0,1h$. Após experimentos numéricos, optamos por uma grade espacial com cem blocos em cada direção coordenada, de modo que $\Delta x = \Delta y = 1m$.

4.3 Análise dos resultados para o Escoamento Puramente Convectivo

Iniciamos a apresentação dos nossos resultados com o estudo de um caso particular, onde o coeficiente D (veja Eq. 3.1) é supostamente nulo.

A Fig. 4.2 mostra a superfície da função concentração do solvente no fluido após sessenta horas de injeção. Como era de se esperar, nesta simulação puramente convectiva, com transferência de massa entre as fases sólida e líquida, a solução numérica referente à concentração do solvente no fluido apresenta um patamar com valor unitário na região alinhada com a seção de entrada, seguida por uma variação abrupta que ocorre na frente do escoamento. A Fig. 4.3 mostra um perfil longitudinal da concentração do solvente tomado

31

ao longo do valor constante $y \approx 50m$, típica desse escoamento. Neste, percebemos que o fluxo com presença de solvente não atingiu, distâncias maiores que x = 70m. Um perfil de concentração do solvente, ao longo de uma seção transversal ao campo de escoamento (em $x = 5m$), tem a forma típica mostrada na Fig. 4.4.

Como indicam as Fig. 4.2, 4.3 e 4.4, a metodologia numérica usada aqui, baseada em um esquema do tipo TVD com o limitador de fluxo *superbee*, fornece uma solução computacional praticamente livre de difusão numérica significativa e sem qualquer oscilação espúria.

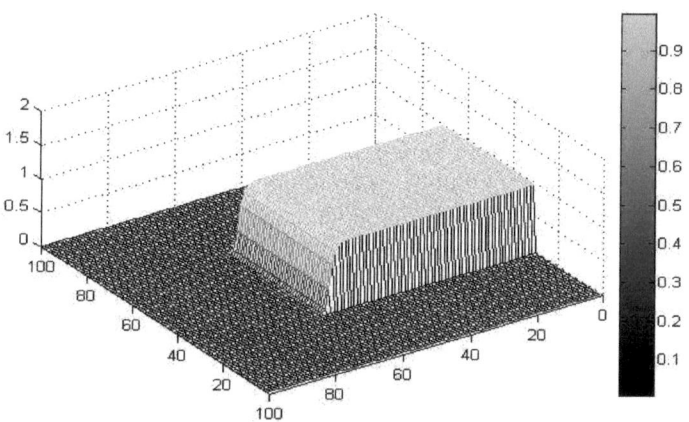

Figura 4.2. Superfície de concentração do solvente sem difusão física.
Plano: distância / m
Eixo vertical: concentração

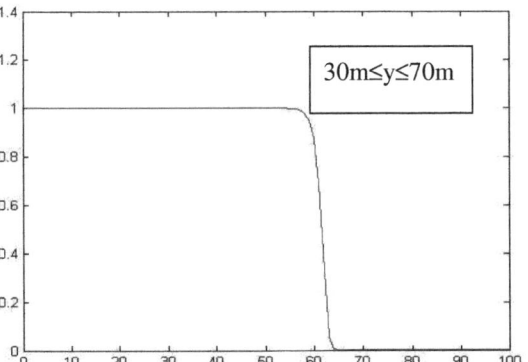

Figura 4.3. **Perfil longitudinal da concentração do solvente sem difusão física.**
Abscissa: distância / m
Ordenada: concentração

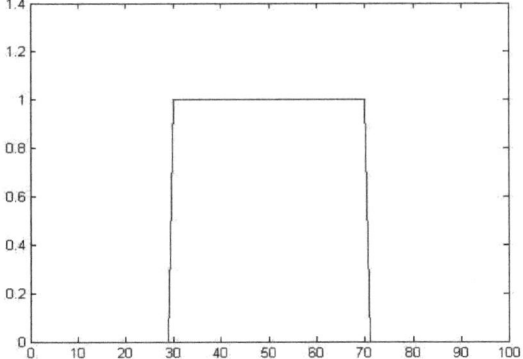

Figura 4.4. **Concentração do solvente em uma seção transversal na ausência de difusão física.**
Abscissa: distância / m
Ordenada: concentração

A variação da porosidade da matriz sólida é exibida na Fig. 4.5 para o tempo de 60 horas. Novamente, podemos ver uma solução bastante coerente com o comportamento físico esperado. De fato, a porosidade aumenta a partir do valor inicial 0,2 para valores próximos de 0,23, no caminho percorrido pelo solvente no meio poroso, definido neste caso exclusivamente pelo fenômeno de convecção . Como não há fluxo com presença de solvente, ocorre uma típica variação abrupta na frente do escoamento,após *x=60m*. Uma vista superior desta distribuição de porosidade é indicada na Fig. 4.6. Perfis de porosidade semelhantes aos de concentração (mostrados anteriormente nas Figs. 4.3 e 4.4) são exibidos nas Figs. 4.7 e 4.8, respectivamente. Novamente, não observamos efeitos significativos de difusão numérica ou qualquer oscilação inapropriada na solução gerada pela metodologia usada neste trabalho.

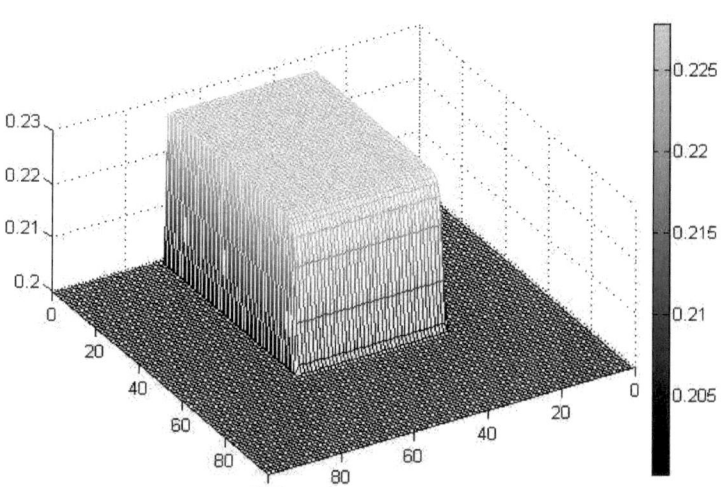

Figura 4.5. Superfície de porosidade sem difusão física.
Plano: distância / m
Eixo vertical: porosidade

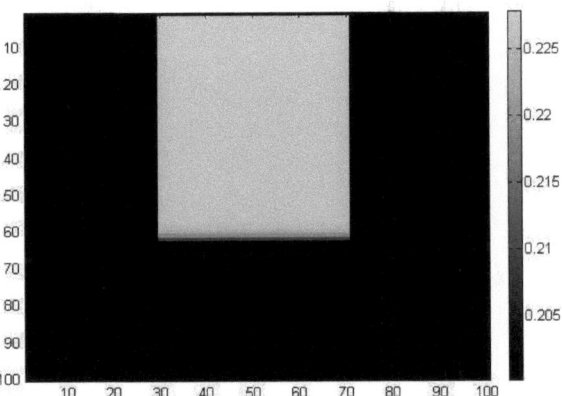

Fig 4.6. Distribuição de porosidade na matriz sólida na ausência de difusão física.
Plano: distância / m
Escala: porosidade

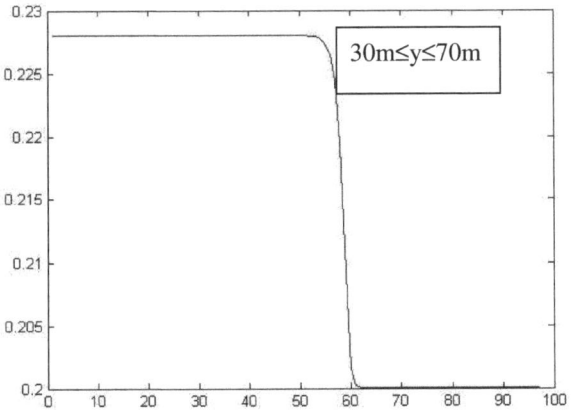

Figura 4.7. Perfil longitudinal típico da porosidade na ausência de difusão física.
Abscissa: distância / m
Ordenada: porosidade

35

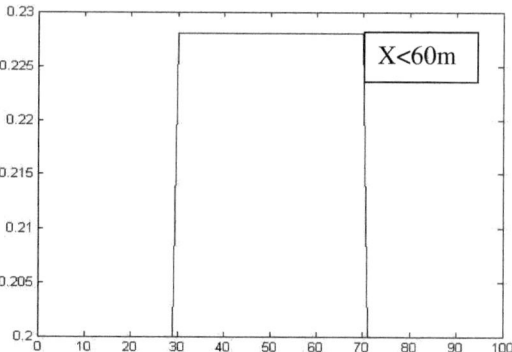

Figura 4.8. Perfil transversal típico da porosidade na ausência de difusão física em uma seção .
Abscissa: distância / m
Ordenada: porosidade

4.4 Análise dos resultados para o Escoamento Convectivo-Difusivo

Nesta seção apresentamos as simulações realizadas com um coeficiente de difusão não-nulo, dado por $D = 0,005\,m^2/h$. Os resultados deste escoamento convectivo-difusivo, dominado pelo transporte convectivo, são mostrados graficamente a seguir.

A superfície da Fig. 4.9 mostra a distribuição da concentração de solvente no meio, após 60 horas de injeção. Neste caso, são visíveis os efeitos da dispersão física no escoamento. Para observarmos em detalhes esse fenômeno de espalhamento do solvente na direção do escoamento, consideramos uma seqüência de gráficos mostrados nas Figs. 4.10-4.15, que correspondem às distribuições longitudinais tomadas ao longo de seis diferentes valores constantes para a variável y, variando desde $y \approx 50\,m$ até $y \approx 14\,m$. Notamos que, próximo à linha horizontal que passa pelo centro do segmento de entrada do solvente, o

36

perfil de concentração (Fig. 4.10) é muito semelhante aquele gerado pelo escoamento puramente convectivo (Fig. 4.3). Mas, desta vez, ao contrário do que ocorreu no exemplo anterior, as Figs. 4.11-4.15 mostram que devido à difusão física esse perfil muda substancialmente à medida que se afasta do centro na direção de um bordo horizontal do domínio poroso. Os efeitos da difusão física na direção ortogonal ao campo de escoamento podem ser efetivamente observados na Fig. 4.16.

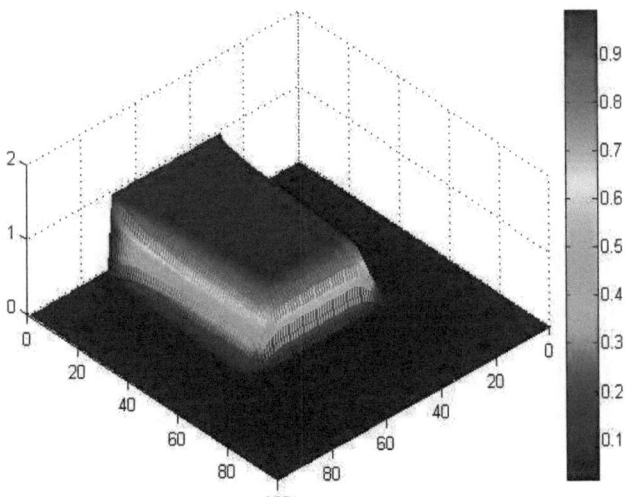

Figura 4.9. Efeito da difusão física na concentração do solvente.

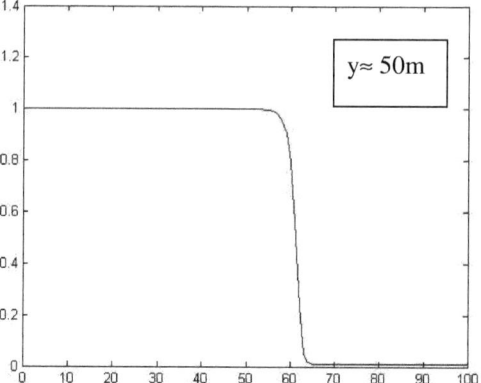

Figura 4.10. Perfil longitudinal da concentração do solvente com difusão.
Abscissa: distância / m
Ordenada: concentração

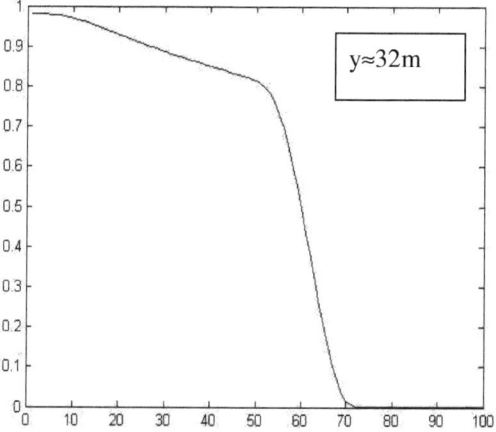

Figura 4.11. Perfil longitudinal da concentração do solvente com difusão.
Abscissa: distância / *m*
Ordenada: concentração

38

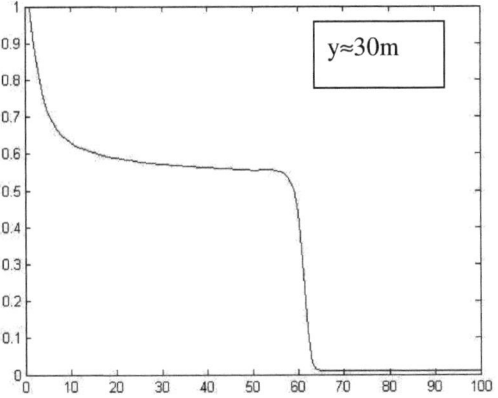

Figura 4.12. Perfil longitudinal da concentração do solvente com difusão
Abscissa: distância / m
Ordenada: concentração

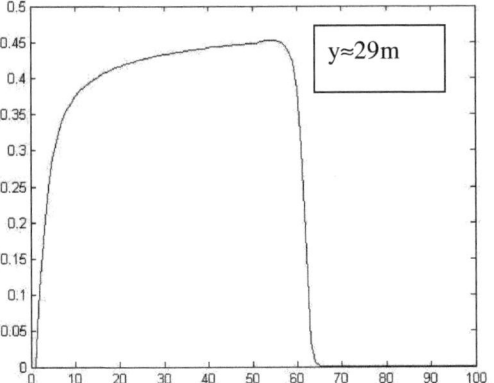

Figura 4.13. Perfil longitudinal da concentração do solvente com difusão
Abscissa: distância / m
Ordenada: concentração

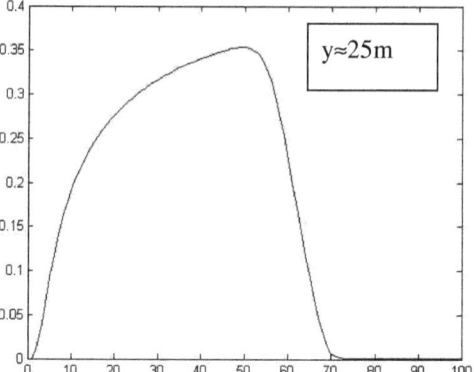

Figura 4.14. Perfil longitudinal da concentração do solvente com difusão
Abscissa: distância / m
Ordenada: concentração

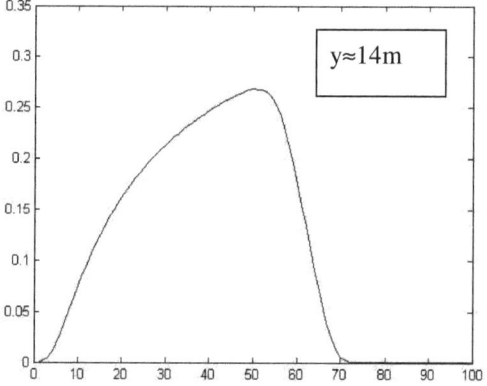

Figura 4.15. Perfil longitudinal da concentração do solvente com difusão.
Abscissa: distância / m
Ordenada: concentração

40

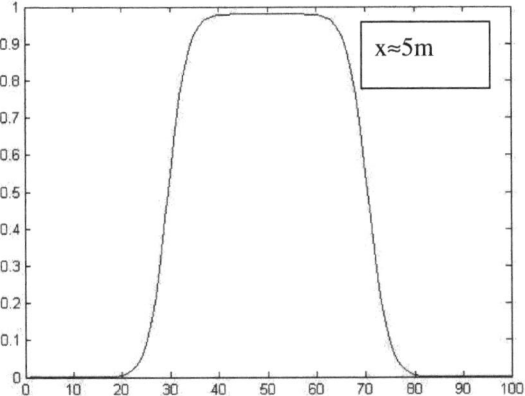

Figura 4.16. Efeito da difusão física na concentração para a seção transversal.
Abscissa: distância / m
Ordenada: concentração

A superfície indicando a distribuição da porosidade no meio sólido, após 60 horas, é mostrada na Fig. 4.17. Podemos notar que a variação da porosidade é claramente afetada pelo fenômeno de difusão física do solvente na mistura fluida, como mostrada mais nitidamente na Fig. 4.18. Esta figura é uma vista superior que realça o aumento da porosidade devido ao fenômeno de dissolução que ocorre à taxa de $4,0 \text{ kg/m}^3$.h. Assim, o solvente, ao ser convectado na direção do campo de escoamento, e espalhado por difusão física, age efetivamente em todas as direções dissolvendo a parte da matriz sólida que se encontra em uma vizinhança da região alinhada com o segmento de entrada do solvente no domínio poroso considerado. Caso se considere nestas simulações que a rocha-reservatório seja constituída, por exemplo, de calcário e o solvente de ácido clorídrico, pode-se assumir que a etapa cinética da reação química ocorra mais rapidamente que a de transferência de massa, de modo que qualquer reação cinética possa

41

ser desprezada na relação entre concentração e porosidade. Perfis de porosidade na direção do escoamento são mostrados nas Figs. 4.19, 4.20 , 4.21, 4.22 , para y≈50m, y≈32m , y≈30m e y≈25m, respectivamente. Os efeitos da difusão física na variação da porosidade na direção transversal ao escoamento (em $x≈5m$) podem ser notados comparando a Fig. 4.23 com a Fig. 4.8

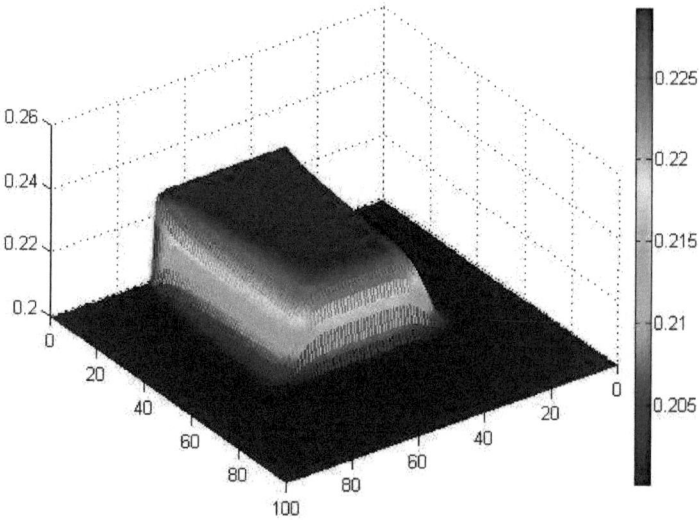

Figura 4.17. Superfície da função porosidade após 60 horas (com difusão física).
Plano: distância / m
Eixo vertical: porosidade

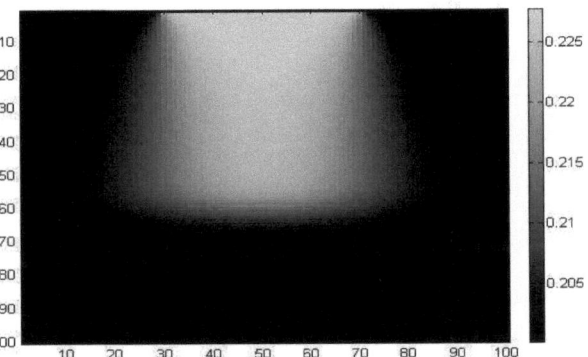

Figura 4.18. Vista superior da porosidade devido ao fenômeno de dissolução após 60 horas (com difusão física).

Plano: distância / m
Eixo vertical: porosidade

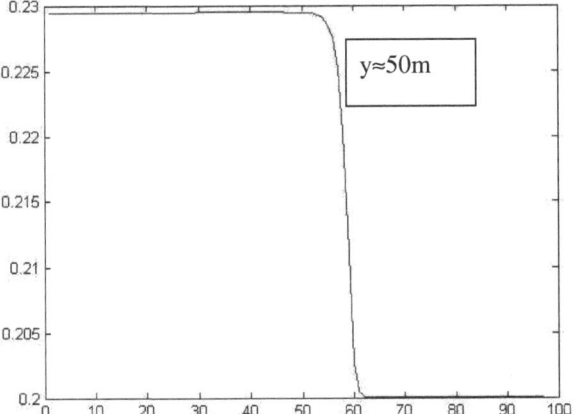

Figura 4.19. Distribuição longitudinal da porosidade com difusão.
Abscissa: distância / m
Ordenada: porosidade

43

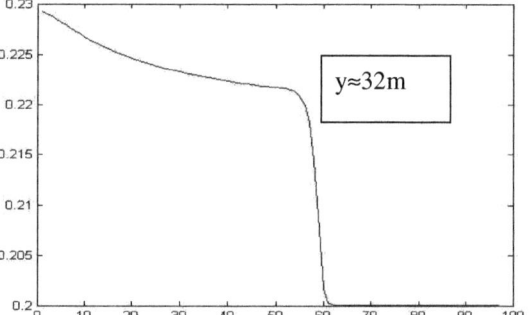

Figura 4.20.Distribuição longitudinal da porosidade com difusão
Abscissa: distância/m
Ordenada:porosidade

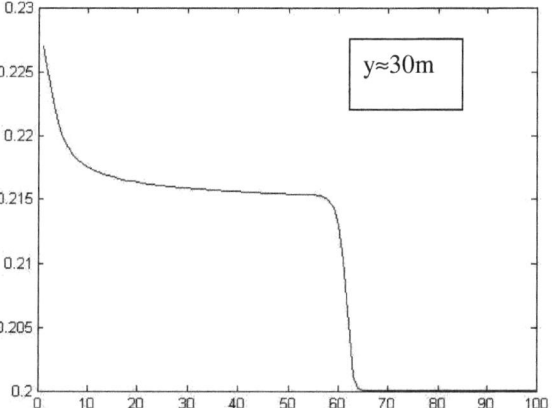

Figura 4.21.Distribuição longitudinal da porosidade com difusão
Abscissa: distãncia/m
Ordenada: porosidade

44

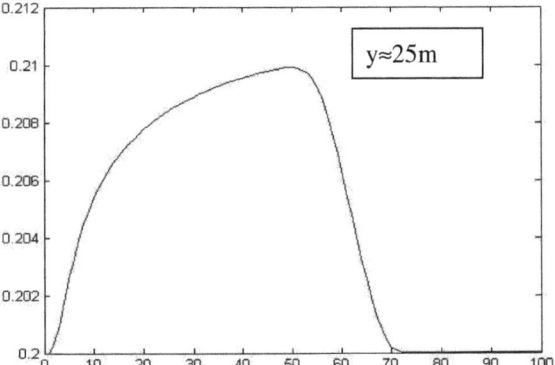

Figura 4.22. Distribuição longitudinal da porosidade com difusão.
Abscissa: distância / m
Ordenada: porosidade

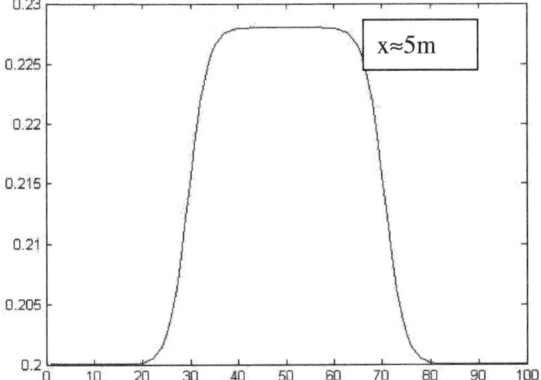

Figura 4.23. Distribuição transversal da porosidade com difusão.
Abscissa: distância / m
Ordenada: porosidade

. Gráficos, nos fornecem informações acerca da variação da porosidade e da concentração de solvente nos permitindo avaliar com certa facilidade, por exemplo, a direção que ocorre a variação da porosidade e, consequentemente o fluxo. Notamos, principalmente pela Fig.4.18 que não há uma "linha divisória" entre a região que sofreu variação de porosidade e aquela região que não sofreu qualquer alteração na porosidade. Percebemos que a variação da porosidade é mais intensa no centro e vai se tornando cada vez menor a medida que vai se afastando da região central que é a região de predominância do fluxo devido a advecção, até confundir-se com os pontos onde não ocorreu variação de porosidade. Notamos que a área "afetada" no que diz respeito a variação de porosidade é maior lateralmente em pontos mais próximos a frente de propagação. Os três gráficos iniciais nos leva acreditar que a porosidade varia mais fortemente devido ao fluxo advectivo, embora se perceba forte influencia da difusão. O programa mostra que o coeficiente de difusão é o elemento mais importante no estudo da propagação do fluxo nas células localizadas fora da região de injeção . O valor assumido por este coeficiente fornece a "eficiência" da propagação do fluxo nesta região externa. Veremos mais adiante que as linhas fora da região de injeção tem a porosidade alterada exclusivamente devido ao efeito da difusão. Os gráficos referentes a concentração e, a comparação entre aqueles e estes, irá esclarecer acerca destas afirmativas antecipadas.

A figura 4.4 mostra a superfície gerada pela variação da porosidade para 600 interações no tempo. A única alteração efetuada no programa em relação a obtenção da superfície anterior, Fig 4.24, foi simulada com valor do Coeficiente da Difusão de $50x10^{-3}$. A diferença entre esta e a Fig.4.17 é notável, principalmente na abrangência da região para as laterais. Nota-se também, a maior suavidade desta superfície em relação a outra, que é uma característica da difusão. Como a única alteração foi no coeficiente de difusão melhora a nossa expectativa acerca da confirmação de que a difusão é um processo importante na variação da porosidade nas regiões externas aquelas que supomos ocorrer o escoamento .

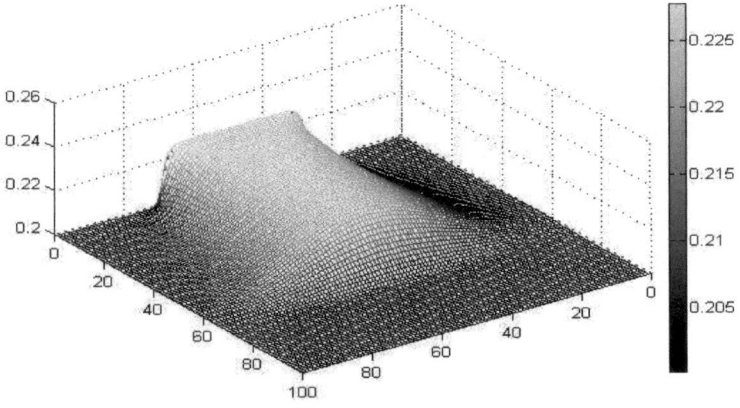

Fig 4.24. Variação da Porosidade ao longo do Reservatório para o Coeficiente de difusão de 50.10^{-3}

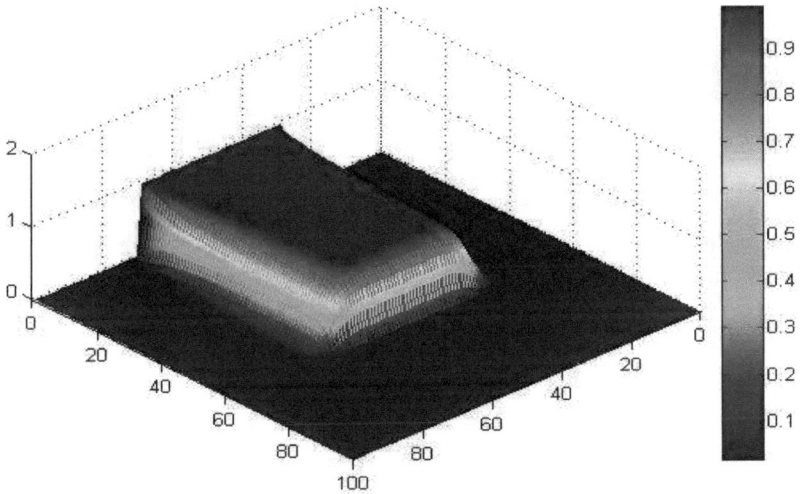

Fig 4.25- Variação da concentração ao longo do reservatório para coeficiente de difusão 50.10^{-4}

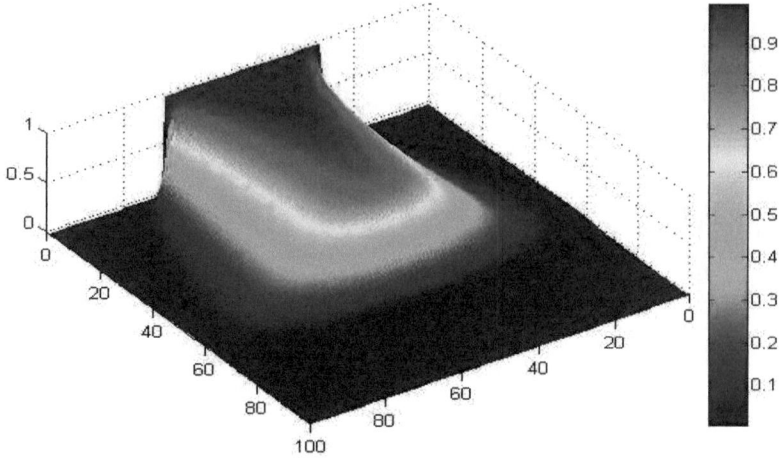

Fig 4.26- A Superfície mostra a variação da Concentração com um coeficiente de difusão de 50.10⁻³

Os gráficos das figuras 4.25 e 4.26 apresentam as superfícies representativas da variação de concentração ao longo do reservatório para os mesmos intervalos de tempo e valores distintos dos coeficientes de difusão.Observamos que um maior coeficiente de difusão faz com que a variação de concentração atinja maior área no mesmo intervalo de tempo. A similaridade destas superfícies com aquelas que representam a variação da porosidade é notável .Tal similaridade não é facilmente percebida quando olhamos as equações que as representam.

O gráfico da figura 4.12 mostra a variação da concentração ao longo da linha 30. Notamos um rápido decrescimento inicial.,isto nos sugere uma "redistribuição" maior na células iniciais.

O gráfico da figura 4.13 representa a variação da concentração ao longo da linha 29.As linha 29 e a 71 são as linhas fora da região de injeção mais próximas desta região e , portanto, deverá sofrer maior efeito difusivo que as suas vizinhas da região externa.

O gráfico seguinte, figura 4.27 apresenta de forma simples o resultado da discussão contido nos dois últimos parágrafos. Estão plotados as variações de concentração das linhas 29 e 30 que podem, também nos mostrar a coerência do programa com a Lei de Conservação de Massa do solvente

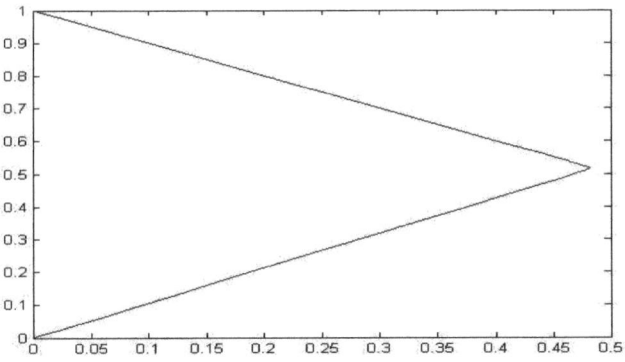

Fig 4.27. Variação da Concentração na Linha 29 em função da variação da Concentração na Linha 30.

No desenvolvimento de nossas equações porosidade e concentração constitui-se num sistema acoplado, mostrando a interdependência entre estas duas grandezas. Do estudo desenvolvido esperamos que a porosidade seja crescente com a concentração pois, estamos lidando com dissolução do meio sólido que em nosso trabalho é o soluto.

Todas os gráficos, referentes as figuras de 4.1 a 4.29, foram geradas   pelo mesmo Programa, desenvolvido pelo autor que se fundamenta nas discretizações das equações apresentadas nos capítulos anteriores, "rodados" em MATLAB 7. Exceção para figura 4.18, que foi gerada pelo Programa Gerameio, adaptado da versão original, cedido pelo professor Gustavo Platt, que foi utilizado acoplado ao programa principal deste trabalho, com o objetivo de se observar o comportamento desta adaptação.

49

Apêndice
Breve Comentário acerca da Difusão

Nos capítulos precedentes o Fenômeno da Difusão foi um dos temas de grande relevância no entanto, muito se tem para comentar e aprender acerca deste Fenômeno. Neste apêndice objetivamos esclarecer a afirmativa utilizada no capítulo 2, na equação (2.7).

Vamos entender inicialmente, porque $c_i.(u_i - u) = J_i$ é o fluxo difusivo da espécie i, i = 1,2,...,n, no meio

Se houver uma diferença de concentração de alguma espécie química em uma mistura, deve ocorrer transferência de massa. Transferência de massa neste contexto não se refere ao movimento global do fluído (mistura).Isto é, não está se referindo ao movimento do fluído de um ponto a outro de uma região. Usamos o termo para descrever o movimento relativo da espécie em uma mistura devido a existência de gradiente de concentração.Este modo de transferência de massa, difusão, é análogo à transferência de calor por condução.

Tanto a transferência de calor por condução quanto a difusão mássica , são processos que se originam na atividade molecular. A difusão mássica ocorre no sentido da diminuição de concentração de cada um dos componentes envolvidos, ocorrendo, então transferência de massa em todos os sentidos. Da mesma forma que a transferência de calor ocorre no sentido da maior para menor temperatura porém ,difere do fluxo mássico porque isto ocorre sempre neste sentido, Vamos entender isto um pouco melhor:

Consideremos dois fluídos "A" e "B" em uma mistura, haverá transporte de massa de A para B e, de B para A. Por outro lado se dois corpos, A e B, tem temperaturas diferentes, vamos supor , temperatura de A maior que a temperatura de B, TA>TB, haverá fluxo de energia somente de A para B.

Vamos imaginar um plano separando duas porções da mistura, veja figura abaixo

A linha pontilhada representa o plano imaginário e, do lado 1 temos maior concentração de "moléculas vermelhas" e do lado 2, maior concentração de "moléculas pretas". Sendo o movimento molecular aleatório há igual probabilidade de qualquer molécula se mover para direita ou para esquerda, devido a isto mais "moléculas vermelhas" devem cruzar o plano de 1 para 2 e, analogamente, mais "moléculas pretas" devem fazer o sentido oposto. É claro que após algum tempo, serão atingidas concentrações uniformes em 1 e em 2 e não haverá mais transporte difusivo devido a diferença de concentração.

O processo difusivo ocorrem entre gases, entre líquidos, entre líquidos e gases e entre líquidos e sólidos porém ocorre com mais freqüência entre os fluidos.

O fluído, nestes estudos, é uma mistura constituída por duas ou mais químicas, i = 1,2, 3,..,n., em nosso caso particular, esta mistura é constituída somente por duas espécies químicas.

A quantidade de qualquer espécie química pode ser dada em termos de sua concentração mássica c_i.

Como c_i representa a massa da espécie i por unidade de volume da mistura, a densidade da mistura pode ser dada por :

A similaridade entre mecanismo de transferência de calor e a transferência de massa por difusão nos levam a equações correspondentes para as taxas de transferência nos dois processos. Isto é, mesmo modelo da Lei de Fourrier[1] .E, do mesmo modo que a Lei de Forrier define a condutibilidade térmica, a Lei de Fick define o coeficiente de difusão ou difusibilidade mássica, D_i. Ou seja:

$$J_i = -c.D_i \nabla m_i \qquad \text{(A.3)}$$

A grandeza j_i é definida como o fluxo mássico da espécie i, tem por unidade (kg/sm^2) .

Ele representa a quantidade de substância i que é transferida por unidade de tempo e por unidade de área perpendicular à direção da transferência e, é proporcional a densidade da mistura e ao gradiente da fração mássica da espécie

---

[1] A Lei de Forrier é dada por

$q = -k.grad\ u$, onde q é a densidade da corrente de calor$(cal/cm^2.s)$

u, a temperatura(em grau)

k, a condutibilidade térmica em$(cal/cm.s.^0C)$

Embora seja possível fazer uma analogia com a condução térmica , a difusão mássica é sensivelmente mais complicada, Tais complicações estão relacionadas a duas condições restritivas à equação (A.3). A primeira é que embora a difusão mássica possa resultar de um gradiente de temperatura, de um gradiente de pressão ou de uma força externa estes efeitos podem não estarem presentes ou serem desprezíveis. Em nosso estudo o potencial motriz é o gradiente de concentração da espécie. A segunda condição restritiva é que os fluxos são medidos em relação a coordenadas que se movem com a velocidade média da mistura.se o fluxo mássico estiver expresso em relação a um sistema fixo, a equação (A.3) não é válida. Vamos, então, obter uma expressão para o fluxo mássico com relação a um sistema de coordenadas fixo. Como nosso interesse particular é referente a um fluido composto por duas substância, vamos no restringir a este.

Seja o fluxo mássico composto pelas substâncias "A" e "B". O fluxo mássico, f_A , da espécie A, em relação a um sistema de coordenadas fixo está relacionado à uma velocidade absoluta da espécie através da relação:

$$f_A = c_A v_A \qquad (A.4)$$

O valor de v_A pode ser associado a qualquer ponto da mistura e interpretado como sendo a velocidade média de todas as partículas de A em um pequeno elemento de volume no em torno do ponto. O mesmo ocorrendo para a outra substância, teremos:

$$f_B = c_B . v_B \qquad (A.5)$$

Assim o fluxo mássico da mistura em relação a um sistema de coordenadas fixo será;

$$c.v = f = f_A + f_B = c_A v_A + c_B v_B \qquad (A6.a)$$

como $c_i = c.m_i.$ podemos escrever:

$$c.v = c m_A . v_A + c m_B v_B$$
$$v = m_A v_A + m_B v_B \qquad (A.6.b)$$

Notar que f_A, f_B, v_A, v_B, v, f estão definidos em relação a eixos que se encontram fixos no espaço. Como v, v_A, v_B são médias associadas a um conjunto de partículas, os fluxo f_A, f_B, f podem ser associados ao transporte devido ao movimento global da mistura.

Deste modo podemos definir o fluxo mássico da espécie A em relação em relação a velocidade mássica média da mistura como sendo:

$$J_A = c_A(v_A - v) \qquad (A.8)$$

para a espécie B,

$$J_B = c_B(v_B - v) \qquad (A9)$$

Das duas últimas equações e calculando $J_A + J_B$, temos, de (A.4), (A.5) e (A.6.a)

$$c_A v_A - c_A v + c_B v_B - c_B v = c_A v_A + c_B v_B - (c_A + c_B)v = f_A + f_B - cv = 0$$

.

Que é o resultado que queremos mostrar.

REFERÊNCIAS BIBLIOGRÁFICAS

AHARONOV, E.; SPIEGELMAN, M.; KELEMEN, P. Three- dimensional flow end reaction in porous media : implications for the Earth´s mantle and sedimentary basins. Journal of Geophysical Research, v. 102, n. B7, p.14821-14833, 1997.

ALLEN, M. B.; BAHIE, G. A.; TRANGENSTEIN, J. A. Multiphase flow in porous media. New York: Springer, 1988. Lecture Notes in Engineering.

BLUNT, M.; RUIN, B. Implicit flux limiting schemes for petroleum reservoir. Simulation Journal of Computational Physics, v. 102, n. 1, p. 194-210, 1992.

HAMROUNI, B.; HAHBI, M. Calco-carbonic equilibrium calculation. Desalination, v. 152, n. 1-3, p. 167-174, 2002.

LEVEQUE, R. J. Finite volume methods for hyperbolic problems. Cambrigde: Cambridge University Press, 2002. Cambridge Texts in Applied Mathematics.

LUFF, R.; HAEKEL, M.; WALLMANN, K. Robust and fast Fortran and Matlab libraries

to calculation pH distribuitions in marine systems. Computers and Geoscience, v. 27, n. 2, p. 157-169, 2001.

MUMALLAH, N. A. Reaction rates of hydrochloric acids with chalks. Journal of Petroleum Science and Engineering, v. 21, n.3, p. 165-177, 1998.

NASR-EL-DIN, H. A.; AL-OTHMAN, A. M.; TAYLOR K. C.; AL-GHAMBI, A. H. Surface tension of HCl-based stimulation fluids at high temperatures. Journal of Petroleum Science and Engineering, v. 43, n. 2, p. 57-73, 2007.

PEACEMAN, D. W. Improved treatment of dispersion in numerical calculation of multidimensional miscible displacement. Society of. Petroleum Engineering.Journal, v. 6, n. 3, p. 213-216, 1966.

ROE, P. L. Some contributions to the modeling of discontinuities flows. In: ENGQUIST, B.E.; OSHER, S.; SOMERVILLE, R.C.J. (Eds.), Large-scale computations in fluid mechanics, Part 2.: Proceeedings of the 15 th. AMS-SIAM Summer Seminar on Applied Mathematics, La Jolla, CA, 1983. Providence: American Mathematical Society, 1983. p. 163-193. Lectures in Applied Mathematics, v. 22.

SCHREIBER, M. S.; SANTOS, C. Evaporitos como recursos minerais. Brazilian Journal of Geophysics, v. 18, n. 3, p. 337, 2000.

SPEACK, P. J. H. R.; GRAAF, J. W. M.; NIEUWENHIUS, J. D.; ZIJLSTRA, J. J. P. Optimizing the process of sulphuric acid injection into limestone. Journal of Geochemical Exploration, v. 62, n.1, p. 331-335, 1998.

TAYLOR, K. C.; NASR-EL-DIN, H. A.; DAJANI, R. Analysis of acid returns improves efficiency in acid stimulation: a case history. Journal of Petroleum Science and Engineering, v. 28, n. 1, p. 33-53, 2000.

THOMAS, J. E. (Org.) Fundamentos de engenharia de petróleo. Rio de Janeiro: Interciência, 2001.

THOMAS, J. W. Numerical partial differential equations: conservation laws and elliptic equations. New York: Springer, 1999. Texts in Applied Mathematics, v.33.

ZHOU, Z.; WANG, X.; XU, Y.; LI, K. New formula for acid fracturing in low permeability gas reservoir: experimental study and field application. Journal of Petroleum Science and Engineering, v. 9, n. 3-4, p. 257-262 , 2007.